儿童科普成长系列

你肚子里有小宝宝吗？

[意] 露西亚·斯库德里/文图　　译邦达/译

现代教育出版社
Modern Education Press

有啊，我的肚子里
有个小象宝宝。

象宝宝会在大象妈妈的肚子里待上将近两年（22个月）。刚出生的小象还看不见东西。不过象宝宝一出生就会吮吸自己的长鼻子，就像刚出生的婴儿会吮吸自己的大拇指一样。一般刚出生的小象体重大约是113千克，一天能喝大约7.5升的奶。小象在四岁之前，都要靠大象妈妈的母乳来喂养。

他是我的弟弟。

鳄鱼妈妈，你的肚子里有小宝宝吗？

没有哦，我是爬行动物！我的
宝宝是从蛋中孵化出来的。

鳄鱼妈妈一次能产下 20~100 个蛋，
蛋壳是软的。当鳄鱼宝宝破壳而出
时，他们的妈妈就会用嘴巴把他们
放到水中。接下来，鳄鱼妈妈会和
她的宝宝们一起待上 4 天。你知道
吗？鳄鱼宝宝的性别是由温度决定
的：如果鳄鱼蛋在生下来后的 15 天
内天气比较热（超过 30 摄氏度），大
概率的会是男宝宝；如果天气比较
冷，则会是女宝宝。

长颈鹿夫人，你的肚子里有小宝宝吗？

长颈鹿宝宝出生时，会从 2 米高的地方掉到地面上，因为长颈鹿妈妈是站着生宝宝的。宝宝们一出生就会走路，他们会待在一个类似托儿所的地方生活，其他几个长颈鹿妈妈轮流照顾长颈鹿宝宝，这样，刚生完宝宝的妈妈就有时间喝水吃饭啦。

有啊，我的肚子里有个大约2米高的长颈鹿宝宝。

大蟒蛇，你的肚子里有小宝宝吗？

有啊，我的肚子里有25条小蛇呢。

蟒蛇蛋在蟒蛇妈妈的肚子里就会孵化出小蟒蛇来。每条蟒蛇宝宝有 30~45 厘米长。他们一出生就已经完全成形并且能够独立生活。他们知道怎么抓到食物、怎么保护自己不被捕食者抓到，这些都是蟒蛇宝宝们一出生就有的本领呢。是不是很神奇！

大鲨鱼，你的肚子
里有小宝宝吗？

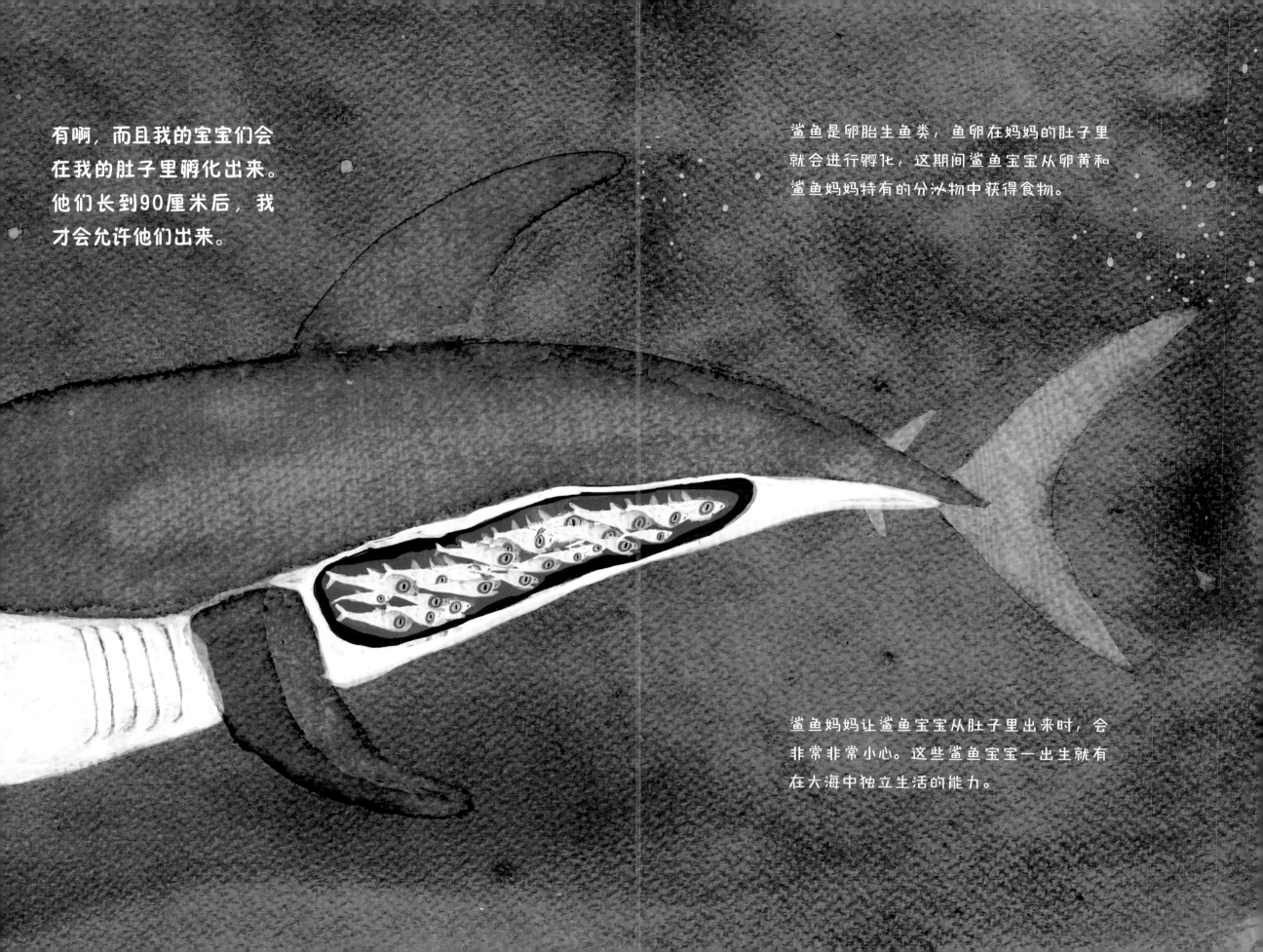

有啊，而且我的宝宝们会
在我的肚子里孵化出来。
他们长到90厘米后，我
才会允许他们出来。

鲨鱼是卵胎生鱼类，鱼卵在妈妈的肚子里
就会进行孵化，这期间鲨鱼宝宝从卵黄和
鲨鱼妈妈特有的分泌物中获得食物。

鲨鱼妈妈让鲨鱼宝宝从肚子里出来时，会
非常非常小心。这些鲨鱼宝宝一出生就有
在大海中独立生活的能力。

大狮子，你的肚子
里有小宝宝吗？

我可没有，我是狮子爸爸！

嘿，我才是狮子妈妈。我觉得我的肚子里有4个狮宝宝！

狮子妈妈的孕期为4个月左右，一次能生下1~6个狮子宝宝。刚生出来的狮子宝宝眼睛是闭着的，直到第11天时才会睁开。到第15天的时候，狮子宝宝们就能走路了。狮子妈妈会把她的孩子保护得非常好，在前两个月，她会把狮宝宝们藏起来。在同一个狮群中，狮子妈妈也会照顾和哺乳其他的狮子宝宝。

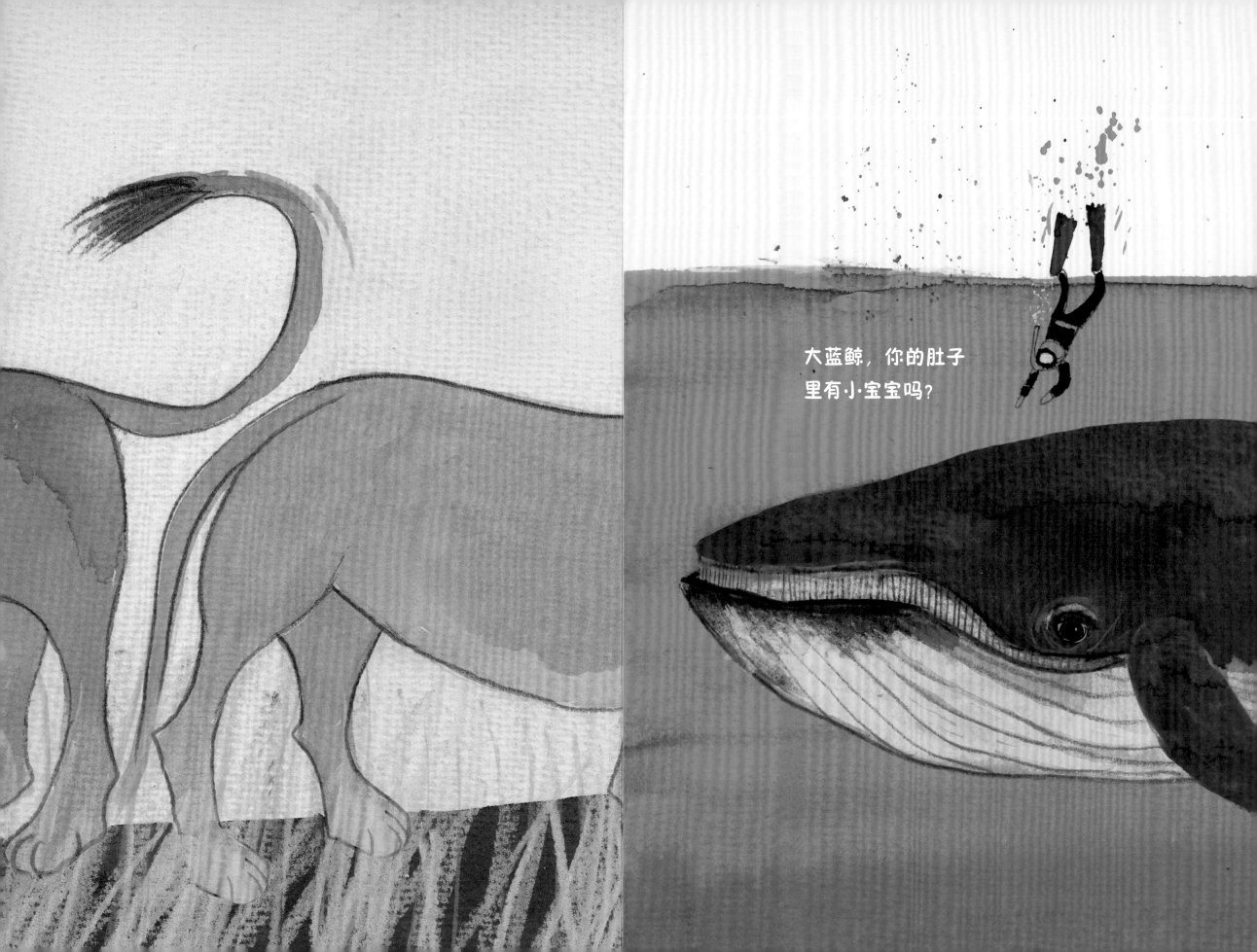

大蓝鲸，你的肚子里有小宝宝吗？

有啊，我们蓝鲸可是世界上
最大的哺乳动物！

蓝鲸妈妈的身体比一辆大货车还要大。蓝鲸宝宝要在妈妈的
肚子里待上 11~12 个月才会出生。刚出生的蓝鲸宝宝体长大约
有 7 米，体重 2.5 吨左右，一天能喝 400 多升妈妈的奶。蓝鲸妈
妈的奶脂肪含量非常高，营养丰富而且极其浓稠，在水中也
很难溶解。

鹤妈妈，你的肚子
里有小·宝宝吗？

没有哦，我们鸟类只下蛋！

鹤妈妈的窝直径足有1米长，她会在窝里一次产下3~4个蛋。鹤妈妈和鹤爸爸会一起孵他们的宝宝。大约35天后鹤宝宝就会破壳而出，70天后，小鹤就能学会飞行了。

犰（qiú）狳（yú）

妈妈，你的肚子里
有小宝宝吗？

现在已经没有了，上个星期，我
刚生下了漂亮的四胞胎兄弟。

犰狳是唯一一种有骨质甲片的哺乳动物，不过他们的宝宝刚出生时
只有柔软的皮肤，几个星期后才会长出硬壳。有一种九带犰狳，每
次都会生下四胞胎，而且 4 个犰狳宝宝都长得几乎一模一样。

袋鼠妈妈，你的肚子里有小宝宝吗？

有啊，其实，我的
宝宝在我肚子前的
育儿袋里。

嘿，你好！看，我能
待在妈妈的袋子里，
感觉好棒啊！

袋鼠宝宝一出生，就会自己爬到妈妈腹部前的育儿袋
里，然后紧紧咬住妈妈的乳头开始吃奶。刚出生的前
两个月，袋鼠宝宝会一直待在妈妈的育儿袋里不停地
吃奶，有时也会好奇地探出小脑袋看看外面的世界。
等长到 10~11 个月大时，小袋鼠偶尔也会跳出育儿袋走
一走。成年袋鼠几乎能跳 3 米高，9 米远，不过他们不
会倒着走哟。

海豚妈妈，你的肚子
里有小宝宝吗？

海豚妈妈在怀孕 12 个月后会产下小宝宝。刚出生的海豚宝宝大概有 1 米长，由于海豚宝宝没有嘴唇，不会自己吸奶，所以海豚妈妈要把奶挤到宝宝的嘴里。海豚的英文名字 dolphin，来源于古希腊语，是有子宫的鱼的意思。

有啊，我的肚子里有一个海豚宝宝。我也是哺乳动物呢！

青蛙夫人，你的肚子里有小宝宝吗？

青蛙妈妈在水下产卵，她一次会产很多很多卵，但能活下来的非常少。两周以后，这些卵宝宝就会变成小蝌蚪，蝌蚪和鱼一样，能够在水下呼吸。3个星期后，他们的肺发育成熟，这时候青蛙宝宝就能够在水外呼吸了。4个星期后，青蛙宝宝们已经长出了4条腿，他们可以在岸上跳来跳去了。

没有啊，我两周前把卵宝宝产在水中，现在他们应该已经变成小蝌蚪了。

最后，青蛙宝宝原来的小尾巴会彻底消失。这些变化一完成，他们的饮食习惯也随之发生变化，成为食肉动物。

海马夫人，你的肚子
里有小宝宝吗？

没有，我们海马家族都是海马爸爸来孕育宝宝的。

你知道吗？在海马家族中，都是海马爸爸生宝宝的。海马爸爸腹部有个特殊的小口袋，就是育儿囊。海马妈妈把卵产在这个口袋里，然后海马爸爸就开始孕育他们的宝宝。大约 40 天后，约 100 个小小的海马宝宝就会从海马爸爸的育儿囊中出来。在孵化阶段，海马妈妈会经常去看望海马爸爸，他们还会在一起跳会儿舞。海马一生都会忠诚于自己的伴侣。

狼妈妈，你的肚子
里有小宝宝吗？

有啊，我的肚子里
有个狼宝宝。

小狼宝宝刚出生时，看不见东西也听不到声音。15~20天后，
他们开始看得见东西，开始试着行走。大约两个月后，狼宝
宝就可以离开洞穴，跟着父母学习狩猎，学习狼群的生存法
则。如果狼群中有一窝狼宝宝，那么所有的狼都会帮忙照顾
和保护狼宝宝。

帝企鹅妈妈，你的肚子里有小宝宝吗？

没有，我已经把蛋宝宝留给企鹅爸爸照顾了，我要去捕食了。

帝企鹅妈妈一次只产一个蛋，产下蛋后企鹅妈妈就会把蛋宝宝交给企鹅爸爸来孵化，自己去海里寻找食物。企鹅爸爸会把企鹅蛋放在自己的两只脚上，避免蛋宝宝碰到冰，因为一碰到冰，蛋就会冻坏。企鹅爸爸用温暖的肚子盖住蛋宝宝进行孵化。企鹅妈妈外出捕食大约需要65天，这期间企鹅爸爸必须冒着严寒在冰天雪地里照顾他们的蛋宝宝，而且没有食物可以吃。当企鹅妈妈捕食回来，企鹅宝宝恰好破壳而出，企鹅妈妈就把鱼喂给宝宝，而企鹅爸爸也终于可以休息了！

北极熊，你的肚子里有小宝宝吗？

有啊，而且我觉得我肚子里有两个宝宝。你看看我现在多胖，我已经有200千克了！

我是熊爸爸。

刚出生的北极熊宝宝只有1千克重，而且全身光秃秃的没有毛，眼睛还睁不开。北极熊妈妈会在雪地里挖一个洞穴，熊宝宝们会在这个洞穴里待上40天。

蝙蝠妈妈，你的肚子
里有小宝宝吗？

有啊，我们蝙蝠可是唯一一种会飞行的哺乳动物。

蝙蝠妈妈是倒挂在高高的树上生宝宝的。为了不让蝙蝠宝宝掉下去，蝙蝠爸爸会紧紧地靠在妈妈毛茸茸的育儿袋边上。蝙蝠宝宝很喜欢紧紧地和蝙蝠妈妈抱在一起，这样感觉很温暖。

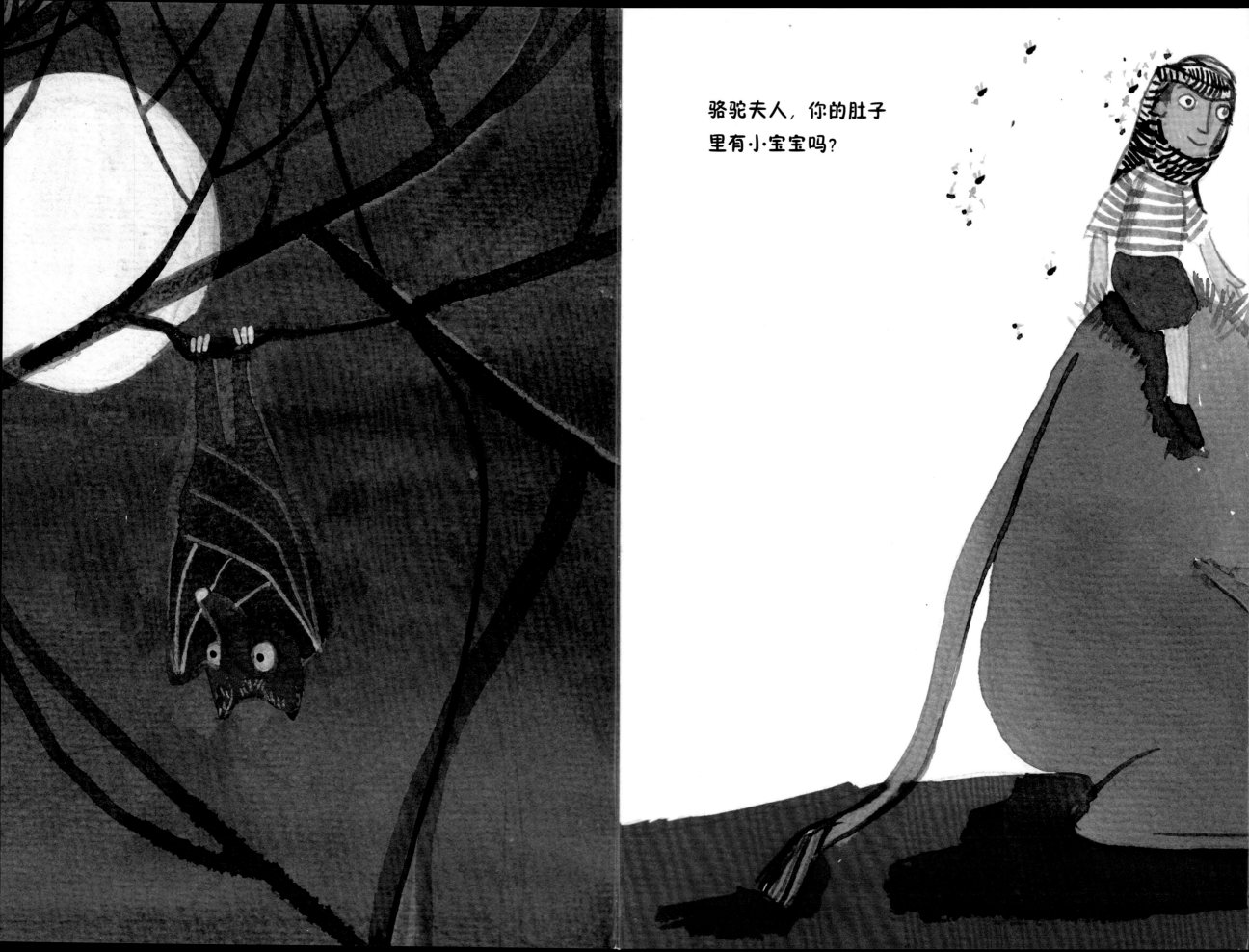

骆驼夫人，你的肚子
里有小宝宝吗？

有啊，我的肚子里有一个骆驼宝宝。你现在坐的驼峰，是我储备能量的地方。

骆驼宝宝刚出生时是没有驼峰的，随着他们的长大，驼峰会慢慢长出来。骆驼宝宝一出生就能跑能跳，18个月后就会断奶。但骆驼宝宝即使断奶了也离不开妈妈。小骆驼叫妈妈时会发出类似小羊的叫声，可温柔啦！

鸵鸟妈妈，你的肚子
里有小宝宝吗？

没有啊，虽然我们不会飞，但我们依旧是鸟类！我的蛋宝宝由鸵鸟爸爸来孵化。

鸵鸟爸爸会在沙地中挖一个洞，把鸵鸟妈妈生的蛋都放进去，然后用大约40天的时间去孵化这些巨大的蛋宝宝。

刚刚出生的鸵鸟宝宝有着像刺猬的刺一样又尖又细的羽毛。鸵鸟宝宝一出生就会走路，成年之后，他们的奔跑速度大约可以达到每小时64千米呢。

河马妈妈，你的肚子
里有小·宝宝吗？

河马妈妈是在水里生下河马宝宝的，因此，河马宝宝是先学会游泳再学会走路的。河马宝宝在水下吃妈妈的奶时，会闭上鼻子和耳朵，累了就会爬到妈妈的背上休息。河马宝宝会一直和妈妈待在一起，直到新的河马宝宝降生时才会离开。

我的宝宝出生后，就能游泳了。

驴妈妈，你的肚子里有小·宝宝吗？

驴妈妈要怀孕 11 个月才会生下小宝宝。驴宝宝一出生就能自己站立。一岁前，驴宝宝靠吃妈妈的奶为生。驴妈妈的奶是和人类的奶最相似的天然食物。

有啊，他在我的肚子里
已经待了10个月了，
感觉好辛苦啦！

他已经从我的肚子里出来啦，现在他还非常非常小，正待在我的育儿袋里呢。

刚出生的考拉宝宝只有扁桃仁儿那么点儿大，重量只有5克，是不是很小巧？考拉宝宝一出生就会爬到妈妈的育儿袋里待上6个月，这段时间内，他只做一件事，就是吃妈妈的奶。

考拉宝宝从妈妈的育儿袋中出来后，就会爬到妈妈的背上，然后待到差不多一岁时才会离开。从此，考拉宝宝就开始吃桉树叶，这将是他这一生中唯一的食物。桉树叶的营养价值很低也非常难消化，所以，考拉几乎一整天都在睡觉，这样他们才能消化食物，减少能量消耗。

妈妈，你的肚子
里有小宝宝吗？

等我们到了，我给
你讲个故事……

著作权合同登记号　图字：01-2019-2839

This book was originally published in Italy by Donzelli Editore under the title
Tiitte le pance del mondo
© 2016, 2017 Donzelli Editore, Roma

图书在版编目 (CIP) 数据

你肚子里有小宝宝吗？ / (意) 露西亚·斯库德里文、图；
译邦达译 .— 北京：现代教育出版社 , 2019.10（2024.8 重印）
（儿童科普成长系列）
ISBN 978-7-5106-7477-8

Ⅰ . ①你… Ⅱ . ①露… ②译… Ⅲ . ①动物－儿童读物
Ⅳ . ① Q95-49

中国版本图书馆 CIP 数据核字（2019）第 208374 号

你肚子里有小宝宝吗？

文　　图	［意］露西亚·斯库德里	
译　者	译邦达	
选题策划	王春霞	
责任编辑	魏　星	
装帧设计	赵歆宇	
出版发行	现代教育出版社	
地　址	北京市东城区鼓楼外大街 26 号荣宝大厦三层	
邮　编	100120	
电　话	010-64251036（编辑部） 010-64256130（发行部）	
印　刷	北京盛通印刷股份有限公司	
开　本	787 mm × 1092 mm　1/16	
印　张	7	
字　数	50 千字	
版　次	2019 年 12 月第 1 版	
印　次	2024 年 8 月第 4 次印刷	
书　号	ISBN 978-7-5106-7477-8	
定　价	62.80 元	